M.A. Gopalan
K. Meena
S. Aarthy Thangam

Triplos inteiros especiais na progressão aritmética com soluções

M.A. Gopalan
K. Meena
S. Aarthy Thangam

Triplos inteiros especiais na progressão aritmética com soluções

ScienciaScripts

Imprint

Any brand names and product names mentioned in this book are subject to trademark, brand or patent protection and are trademarks or registered trademarks of their respective holders. The use of brand names, product names, common names, trade names, product descriptions etc. even without a particular marking in this work is in no way to be construed to mean that such names may be regarded as unrestricted in respect of trademark and brand protection legislation and could thus be used by anyone.

Cover image: www.ingimage.com

This book is a translation from the original published under ISBN 978-3-330-34772-4.

Publisher:
Sciencia Scripts
is a trademark of
Dodo Books Indian Ocean Ltd. and OmniScriptum S.R.L publishing group

120 High Road, East Finchley, London, N2 9ED, United Kingdom
Str. Armeneasca 28/1, office 1, Chisinau MD-2012, Republic of Moldova, Europe
Printed at: see last page
ISBN: 978-620-8-02299-0

ÍNDICE DE CONTEÚDOS:

1. PREFÁCIO

A matemática é a linguagem da natureza e o número é a essência do cálculo matemático. Tudo o que nos rodeia pode ser exposto e compreendido através de números. Ao representar graficamente estes números, surgem padrões. Muitas vezes, deparamo-nos com números que seguem padrões específicos. Em matemática, os padrões desempenham um papel importante. A partir deles, é possível fazer generalizações e estabelecer procedimentos para aplicar em diferentes domínios de estudo. Os números dispostos numa ordem definida de acordo com uma regra são conhecidos como sequência. Os vários números que ocorrem numa sequência são chamados os seus termos. O número que se encontra no primeiro lugar é designado por primeiro termo; o número que se encontra no segundo lugar é designado por segundo termo e assim sucessivamente. Em geral, o número no n-ésimo lugar é chamado o n-ésimo termo da sequência. Um tipo particular de sequência, por outras palavras, uma sequência $a_1, a_2, a_3 \ldots \ldots \ldots a_n \ldots$ é chamada A.P. Se a diferença entre um termo e o termo seguinte é sempre constante, esta constante chama-se diferença comum da A.P. Todos os estudantes de matemática estão familiarizados com o tema das progressões aritméticas. Em qualquer livro de álgebra, podem encontrar-se vários problemas sobre progressões aritméticas.

Recordemos a citação de Kronecker: "Deus inventou os

números inteiros; tudo o resto é obra do homem". Não há dúvida de que este tema da P.A. é a mais bela e fascinante criação do espírito humano. O objetivo deste livro é dar aos leitores a oportunidade de aprender, conhecer e aplicar resultados interessantes na teoria das Progressões Aritméticas. Nunca se falha até se deixar de tentar. Todos os teus esforços podem tornar-se realidade se tiveres a coragem de os perseguir com devoção sincera.

Um número razoável de problemas com soluções em triplos inteiros em A.P foi ilustrado para permitir aos investigadores aprofundar a sua compreensão deste assunto e esperamos que os leitores criativos possam ser motivados pelo desejo de atingir este objetivo.

2. PROBLEMAS COM SOLUÇÕES

Sejam a, d dois números inteiros distintos e não nulos. Sabe-se que o triplo (a - d, a, a + d) forma uma progressão aritmética (P.A.). Apresentamos a seguir problemas sobre várias formulações entre os membros do triplo acima, juntamente com as soluções correspondentes.

PROBLEMA: 1

Sejam a e d dois números inteiros distintos não nulos tais que

Note-se que (1.3)

$$\Rightarrow \text{é um quadrado perfeito}$$

Suponha-se que $a = p^2$ $\qquad\qquad$ (1.4)

$$4a - d = \alpha^2 \qquad\qquad (1.1)$$

$$4a + d = \beta^2 \qquad\qquad (1.2)$$

$$4a = \gamma^2 \qquad\qquad (1.3)$$

Adicionando (1.1) e (1.2), temos

$$a = \frac{1}{8}\left(\alpha^2 + \beta^2\right) \qquad\qquad (1.5)$$

Além disso, a subtração de (1.1) a (1.2) dá

$$d = \frac{1}{2}\left(\beta^2 - \alpha^2\right) \qquad\qquad (1.6)$$

Substituindo a por 4P e β por 4Q em (1.5), (1.6), temos

$$a = 2\left(P^2 + Q^2\right) \qquad (1.7)$$

$$e \quad d = 8\left(Q^2 - P^2\right) \qquad (1.8)$$

Tendo em conta (1.4) e (1.7), temos

$$2\left(P^2 + Q^2\right) = p^2 \qquad (1.9)$$

CAMINHO:1

Agora, em (1.9), tomemos

$$p = u^2 + v^2 \qquad (1.10)$$

em que u, v são números inteiros distintos e não nulos

e escrever 2 como $\quad 2 = (1+i)(1-i) \qquad (1.11)$

Usando (1.10) e (1.11) em (1.9) e aplicando o método da factorização, defina

$$(1+i)(P+iQ) = (u+iv)^2 \qquad (1.12)$$

Igualando as partes real e imaginária da equação acima, obtém-se

$$P = \frac{1}{2}\left(u^2 + 2uv - v^2\right) \qquad (1.13)$$

$$Q = \frac{1}{2}\left(-u^2 + 2uv + v^2\right) \qquad (1.14)$$

Caso: (i)

Como o nosso interesse é encontrar soluções inteiras, substituindo u por 2R e v por 2S em (1.10), (1.13), (1.14), temos

$$p = 4R^2 + 4S^2 \qquad\qquad (1.15)$$

$$P = 2R^2 + 4RS - 2S^2 \qquad\qquad (1.16)$$

$$Q = -2R^2 + 4RS + 2S^2 \qquad\qquad (1.17)$$

Substituindo os valores de p, P, Q dados por (1.15), (1.16), (1.17) em (1.4) e (1.8), os valores de a, d são dados por

$$a = 16R^4 + 32R^2S^2 + 16S^4$$

$$d = 256RS^3 - 256R^3S$$

A tripla correspondente em A.P é
$$\left(16R^4 + 256R^3S + 32R^2S^2 - 256RS^3 + 16S^4,\right.$$
$$16R^4 + 32R^2S^2 + 16S^4,$$
$$\left.16R^4 - 256R^3S + 32R^2S^2 + 256RS^3 + 16S^4\right)$$

Alguns exemplos numéricos são ilustrados a seguir:

Quadro 1.1

R	S	a	d	(a - d, a, a + d)
2	3	2704	7680	(-4976, 2704, 10384)
3	4	10000	21504	(-11504, 10000, 31504)
5	7	87616	215040	(-127424, 87616, 302656)
2	4	6400	24576	(-18176, 6400, 30976)

<u>**Caso: (ii)**</u>

Substituindo u por 2R+1 e v por 2S+1 em (1.10), (1.13), (1.14),

6

temos

$$p = 4R^2 + 4S^2 + 4R + 4S + 2 \qquad (1.18)$$

$$P = 2R^2 - 2S^2 + 4R + 4RS + 1 \qquad (1.19)$$

$$Q = -2R^2 + 2S^2 + 4S + 4RS + 1 \qquad (1.20)$$

Substituindo os valores de p, P, Q dados por (1.18), (1.19), (1.20) em (1.4) e (1.8), os valores de a, d são dados por

$$a = 16\left(R^4 + S^4 + R + S\right) + 32\left(\begin{array}{l} R^3 + S^3 + R^2 + S^2 + R^2 S^2 \\ + RS^2 + R^2 S + RS \end{array}\right) + 4$$

$$d = 192\left(S^2 - R^2\right) - 128\left(R^3 - S^3\right) + 64(S - R) - 256\left(R^3 S - RS^3\right)$$
$$- 384\left(R^2 S - RS^2\right)$$

Assim, a tripla requerida em A.P é

$$(16R^4 + 16S^4 + 160R^3 - 96S^3 + 224R^2 - 160S^2 + 80R - 48S$$
$$+ 32R^2 S^2 - 352RS^2 + 416R^2 S + 256R^3 S - 256RS^3 + 32RS + 4 \,,$$

$$16(R^4 + S^4 + R + S) + 32(R^3 + S^3 + R^2 + S^2 + R^2 S^2 + RS^2$$
$$+ R^2 S + RS) + 4,$$

$$16R^4 + 16S^4 - 96R^3 + 160S^3 - 160R^2 + 224S^2 - 48R + 80S$$
$$+ 32R^2 S^2 - 256R^3 S + 256RS^3 - 352R^2 S + 416RS^2 + 32RS + 4)$$

Alguns exemplos numéricos são ilustrados a seguir:

Quadro 1.2

R	S	a	d	(a - d, a, a + d)

2	3	5476	13440	(-7964, 5476, 18916)
3	4	16900	32256	(-15356, 16900, 49156)
5	7	119716	274560	(-154844, 119716, 394276)
2	6	37636	149760	(-112124,37636, 187396)

CAMINHO:2

Observe-se que, para além de (1.11), pode escrever-se 2 como

$$2 = \frac{(1+7i)(1-7i)}{25} \qquad (1.21)$$

Para esta escolha, temos

$$P = \frac{1}{10}\left(u^2 - v^2 + 14uv\right) \qquad (1.22)$$

$$Q = \frac{1}{10}\left(-7u^2 + 7v^2 + 2uv\right) \qquad (1.23)$$

Como o nosso interesse é encontrar soluções inteiras, substituindo u por 10R e v por IOS em (1.10), (1.22), (1.23), temos

$$p = 100R^2 + 100S^2 \qquad (1.24)$$

$$P = 10R^2 - 10S^2 + 140RS \qquad (1.25)$$

$$Q = -70R^2 + 70S^2 + 20RS \qquad (1.26)$$

Substituindo os valores de p, P, Q dados por (1.24), (1.25), (1.26) em

(1.4) e (1.8), os valores de a, d são dados por

$$a = (100)^2 (R^4 + S^4 + 2R^2 S^2)$$

$$d = 100 (384 R^4 + 384 S^4 - 2304 R^2 S^2 - 448 R^3 S + 448 RS^3)$$

A tripla correspondente em A.P é

$$(-28400\ R^4 - 28400\ S^4 + 250400\ R^2 S^2 + 44800\ R^3 S - 44800\ RS^3,$$

$$10000 R^4 + 10000 S^4 + 20000 R^2 S^2,$$

$$48400\ R^4 + 48400\ S^4 - 210400\ R^2 S^2 - 44800\ R^3 S + 44800\ RS^3)$$

Alguns exemplos numéricos são ilustrados a seguir:
Quadro 1.3

R	S	a	d	(a - d, a, a + d)
2	3	1690000	-3225600	(4915600, 1690000, -1535600)
3	4	6250000	-16473600	(22723600, 6250000, -10223600)
5	7	54760000	-128409600	(183169600, 54760000, - 73649600)

CAMINHO:3

Para além de (1.11), pode escrever-se 2 como

$$2 = \frac{(7+i)(7-i)}{25} \qquad\qquad (1.27)$$

Para esta escolha, temos

$$P = \frac{1}{10}\left(7u^2 - 7v^2 + 2uv\right) \qquad\qquad (1.28)$$

$$Q = \frac{1}{10}\left(-u^2 + v^2 + 14uv\right) \qquad\qquad (1.29)$$

Como o nosso interesse é encontrar soluções inteiras, substituindo u por 10R e v por IOS em (1.10), (1.28), (1.29), temos

$$p = 100\,R^2 + 100\,S^2 \qquad\qquad (1.30)$$

$$P = 70R^2 - 70S^2 + 20RS \qquad\qquad (1.31)$$

$$Q = -10R^2 + 10S^2 + 140\,RS \qquad\qquad (1.32)$$

Substituindo os valores de p, P, Q dados por (1.30), (1.31), (1.32) em (1.4) e (1.8), os valores de a, d são dados por

$$a = (100)^2\left(R^4 + S^4 + 2R^2S^2\right)$$

$$d = 100\left(-384R^4 - 384S^4 + 2304R^2S^2 - 448R^3S + 448RS^3\right)$$

Assim, a tripla requerida em A.P é

$$48400\,R^4 + 48400\,S^4 - 210400\,R^2S^2 + 44800\,R^3S - 44800\,RS^3,$$
$$0000\,R^4 + 10000\,S^4 + 20000\,R^2S^2,$$
$$-28400\,R^4 - 28400\,S^4 + 250400\,R^2S^2 - 44800\,R^3S + 44800\,RS^3)$$

Alguns exemplos numéricos são ilustrados a seguir:

Quadro 1.4

R	S	a	d	(a - d, a, a + d)

2	3	1690000	5913600	(-4223600, 1690000, 7603600)
3	4	6250000	24000000	(-17750000, 6250000, 30250000)
5	7	54760000	203673600	(-148913600, 54760000, 258433600)
2	4	4000000	8601600	(-4601600, 4000000, 12601600)

PROBLEMA: 2

Considere o sistema de equações

$$4a - d = \alpha^2 \qquad (2.1)$$

$$4a + d = \beta^2 \qquad (2.2)$$

$$4a = \gamma^3 \qquad (2.3)$$

A equação (2.3) é satisfeita quando $a = 2p^3$ $\qquad$ (2.4)

Adicionando (2.1) e (2.2), temos

$$a = \frac{1}{8}\left(\alpha^2 + \beta^2\right) \qquad\qquad (2.5)$$

Além disso, a subtração de (2.1) a (2.2) dá

$$d = \frac{1}{2}\left(\beta^2 - \alpha^2\right) \qquad\qquad (2.6)$$

Substituindo a por 4P e β por 4Q em (2.5), (2.6), temos

$$a = 2\left(P^2 + Q^2\right) \qquad\qquad (2.7)$$

$$e \quad d = 8\left(Q^2 - P^2\right) \qquad\qquad (2.8)$$

Tendo em conta (2.4) e (2.7), temos

$$P^2 + Q^2 = p^3 \qquad\qquad (2.9)$$

CAMINHO:1

Pelo método de tentativa e erro, a equação (2.9) é satisfeita por

$$P = m\left(m^2 + n^2\right), Q = n\left(m^2 + n^2\right), \ p = m^2 + n^2 \qquad (2.10)$$

Substituindo os valores de P, Q, p dados por (2.10) em (2.4) e (2.8), os valores de a, d são dados por

$$a = 2\left(m^2 + n^2\right)^3$$

$$d = 8\left(n^2 - m^2\right)\left(m^2 + n^2\right)^2$$

A tripla correspondente em A.P é

$$\left(10m^6 - 2m^2n^4 + 14m^4n^2 - 6n^6,\right.$$

$$2m^6 + 6m^4n^2 + 6m^2n^4 + 2n^6,$$

$$\left.-6m^6 - 2m^4n^2 + 14m^2n^4 + 10n^6\right)$$

Alguns exemplos numéricos são ilustrados a seguir:

Quadro 2.1

m	n	a	d	(a - d, a, a + d)
2	3	4394	6760	(-2366, 4394, 11154)
3	4	31250	35000	(-3750, 31250, 66250)
5	7	810448	1051392	(-240944, 810448, 1861840)
2	4	16000	38400	(-22400, 16000, 54400)

CAMINHO:2

Agora, em (2.9), tomemos

$$p = u^2 + v^2 \tag{2.11}$$

em que u, v são números inteiros distintos e não nulos.

Usando (2.11) em (2.9) e aplicando o método da factorização, defina

$$P + iQ = (u + iv)^3 \qquad\qquad (2.12)$$

Igualando as partes real e imaginária na equação acima, obtém-se

$$\left.\begin{array}{l} P = u^3 - 3uv^2 \\ Q = 3u^2 v - v^3 \end{array}\right\} \qquad\qquad (2.13)$$

Substituindo os valores de p, P, Q dados por (2.11), (2.13) em (2.4) e (2.8), os valores de a, d são dados y^b

$$a = 2u^6 + 6u^4 v^2 + 6u^2 v^4 + 2v^6$$

$$d = -8u^6 + 120u^4 v^2 - 120u^2 v^4 + 8v^6$$

Assim, a tripla requerida em A.P é

$$\left(10u^6 - 114\,u^2 v^2 + 126\,u^2 v^4 - 6v^6,\right.$$

$$\left. 2u^6 + 6u^4 v^2 + 6u^2 v^4 + 2v^6, \; -6u^6 + 126\,u^4 v^2 - 114\,u^2 v^4 + 10v^6\right)$$

Alguns exemplos numéricos são ilustrados a seguir:

Quadro 2.2

u	V	a	d	(a - d, a, a + d)
2	3	4394	-16280	(20674, 4394,- 11886)
3	4	31250	-94024	(125274, 31250, - 62774)
5	7	810448	-2711808	(3522256, 810448,- 1901360)

2	4	16000	-59904	(75904, 16000, -43904)

PROBLEMA: 3

Considere o sistema de equações

$$4a - d = \alpha^2 \qquad (3.1)$$

$$4a + d = \beta^2 \qquad (3.2)$$

$$2a = \gamma^3 \qquad (3.3)$$

A equação (3.3) é satisfeita quando $a = 4p^3 \qquad (3.4)$

Resolvendo (3.1) e (3.2), temos

$$a = \frac{1}{8}\left(\alpha^2 + \beta^2\right) \qquad (3.5)$$

$$d = \frac{1}{2}\left(\beta^2 - \alpha^2\right) \qquad (3.6)$$

e

Substituindo a por 4P e β por 4Q em (3.5), (3.6), temos

$$a = 2\left(P^2 + Q^2\right) \qquad (3.7)$$

$$d = 8\left(Q^2 - P^2\right) \qquad (3.8)$$

e

Tendo em conta (3.4) e (3.7), temos

$$P^2 + Q^2 = 2p^3 \qquad (3.9)$$

<u>**CAMINHO:1**</u>

Agora, em (3.9), tomemos

$$p = u^2 + v^2 \qquad (3.10)$$

em que u, v são números inteiros distintos e não nulos

e escrever 2 como

$$2 = \frac{(1+7i)(1-7i)}{25} \qquad (3.11)$$

Usando (3.10) e (3.11)em(3.9) e aplicando o método da factorização, defina

$$P + iQ = \frac{1}{5}(1+7i)(u+iv)^3 \qquad (3.12)$$

Igualando as partes real e imaginária da equação acima, obtém-se

$$P = \frac{1}{5}\left(u^3 - 21u^2v - 3uv^2 + 7v^3\right) \qquad (3.13)$$

$$Q = \frac{1}{5}\left(7u^3 + 3u^2v - 21uv^2 - v^3\right) \qquad (3.14)$$

Como o nosso interesse é encontrar soluções inteiras, substituindo u por 5R e v por 5Sin (3.10), (3.13), (3.14), temos

$$p = 25R^2 + 25S^2 \qquad (3.15)$$

$$P = 25\left(R^3 - 21R^2S - 3RS^2 + 7S^3\right) \qquad (3.16)$$

$$Q = 25\left(7R^3 + 3R^2S - 21RS^2 - S^3\right) \qquad (3.17)$$

Substituindo os valores de p, P, Q dados por (3.15), (3.16), (3.17) em

(3.4) e (3.8), os valores de a, d são dados por

A tripla correspondente em A.P é

$$a = 62500 \left(R^6 + 3R^4S^2 + 3R^2S^4 + S^6\right)$$

$$d = 5000 \left(\begin{array}{l} 48R^6 + 84R^5S - 720R^4S^2 - 280R^3S^3 \\ + 720R^2S^4 + 84RS^5 - 48S^6 \end{array}\right)$$

$$\left(\begin{array}{l} -177500R^6 - 420000R^5S + 3787500R^4S^2 + 1400000R^3S^3 \\ -3412500R^2S^4 - 420000RS^5 + 302500S^6 \end{array}\right),$$

$$62500R^6 + 187500R^4S^2 + 187500R^2S^4 + 62500S^6,$$

$$\left(\begin{array}{l} 302500R^6 + 420000R^5S - 3412500R^4S^2 - 1400000R^3S^3 \\ + 3787500R^2S^4 + 420000RS^5 - 177500S^6 \end{array}\right)$$

Alguns exemplos numéricos são ilustrados a seguir:

Quadro 3.1

R	S	a	d	(a - d, a, a + d)
2	3	137312500	430440000	(-293127500, 137312500, 567752500)
3	4	976562500	2100000000	(-1123437500, 976562500, 3076562500)

| 2 | 4 | 500000000 | 1994240000 | (-1494240000, 500000000, 2494240000) |

CAMINHO:2

Verifica-se que, para além de(3.11),2 também pode ser escrito como

$$2 = (1 + i)(1 - i) \qquad (3.18)$$

Seguindo o procedimento semelhante ao anterior, o triplo inteiro em A.P é dado por

$$\left(4u^6 - 96u^5v + 12u^4v^2 + 320u^3v^3 + 12u^2v^4 - 96uv^5 + 4v^6,\right.$$

$$4u^6 + 12u^4v^2 + 12u^2v^4 + 4v^6,$$

$$\left.4u^6 + 96u^5v + 12u^4v^2 - 320u^3v^3 + 12u^2v^4 + 96uv^5 + 4v^6\right)$$

Alguns exemplos numéricos são ilustrados a seguir:

Quadro 3.2

u	v	a	d	(a - d, a, a + d)
2	3	8788	-13248	(22036, 8788, -4460)
3	5	157216	63360	(220576, 157216, 93856)

3	4	62500	-164736	(227236, 62500, -102236)
2	4	32000	45056	(-13056, 32000, 77056)

NOTA :

É de referir que, para além de

(3.11) e (3.18), também se pode representar 2 como

$$2 = \frac{(7+i)(7-i)}{25} = \frac{(-7+i)(-7-i)}{25}$$

$$2 = \frac{(-1+7i)(-1-7i)}{25} = (-1+i)(-1-i)$$

Seguindo o procedimento apresentado acima, obtêm-se triplos em A.P para as escolhas acima.

PROBLEMA : 4

Considere o sistema de equações,

$$2a - d = \alpha^2 \qquad (4.1)$$

$$3a + d = \beta^2 \qquad (4.2)$$

$$10a = \gamma^2 \qquad (4.3)$$

A equação (4.3) é satisfeita quando $a = 10p^2$ (4.4)

Resolvendo (4.1) e (4.2), temos

$$a = \frac{1}{5}\left(\alpha^2 + \beta^2\right) \qquad (4.5)$$

$$e \quad d = \frac{1}{5}\left(2\beta^2 - 3\alpha^2\right) \qquad (4.6)$$

Substituindo a por 5P e β por 5Q em (4.5), (4.6), temos

$$a = 5\left(P^2 + Q^2\right) \qquad (4.7)$$

$$e \quad d = 5\left(2Q^2 - 3P^2\right) \qquad (4.8)$$

Tendo em conta (4.4) e (4.7), temos

$$P^2 + Q^2 = 2p^2 \qquad (4.9)$$

__CAMINHO:1__

Agora, em (4.9), tomemos

$$p = u^2 + v^2 \qquad (4.10)$$

em que u, v são números inteiros distintos e não nulos

e escrever 2 como

$$2 = \frac{(1+7i)(1-7i)}{25} \qquad (4.11)$$

Usando (4.10) e (4.11)em(4.9) e aplicando o método da factorização, defina

$$P + iQ = \frac{1}{5}(1+7i)(u+iv)^2 \qquad (4.12)$$

Igualando as partes real e imaginária da equação acima, obtém-se

$$P = \frac{1}{5}\left(u^2 - 14uv - v^2\right) \qquad (4.13)$$

$$Q = \frac{1}{5}\left(7u^2 + 2uv - 7v^2\right) \qquad (4.14)$$

Como o nosso interesse é encontrar soluções inteiras, substituindo u por 5R e v por 5S em (4.10), (4.13), (4.14), temos

$$p = 25R^2 + 25S^2 \qquad (4.15)$$

$$P = 5R^2 - 70RS - 5S^2 \qquad (4.16)$$

$$Q = 35R^2 + 10RS - 35S^2 \qquad (4.17)$$

Substituindo os valores de p, P, Q dados por (4.15), (4.16), (4.17) em (4.4) e (4.8), os valores de a, d são dados por

$$a = 6250R^4 + 12500R^2S^2 + 6250S^4$$

$$d = 11875R^4 + 17500R^3S - 96250R^2S^2 - 17500RS^3 + 11875S^4$$

A tripla correspondente em A.P é

$$\left(-5625\,R^4 - 17500\,R^3S + 108750\,R^2S^2 + 17500\,RS^3 - 5625\,S^4, \right.$$
$$6250R^4 + 12500R^2S^2 + 6250S^4,$$
$$\left. 18125\,R^4 + 17500\,R^3S - 83750\,R^2S^2 - 17500\,RS^3 + 18125\,S^4 \right)$$

Alguns exemplos numéricos são ilustrados a seguir:

Quadro 4,1

R	S	a	d	(a - d, a, a + d)
2	3	1056250	-2838125	(3894375, 1056250, -1781875)

3	4	3906250	-11328125	(15234375, 3906250, -7421875)
3	5	7225000	-17472500	(24697500, 7225000, -10247500)
2	4	2500000	-4610000	(7110000, 2500000, -2110000)

CAMINHO:2

Verifica-se que, para além de (4.11),2 pode também ser escrito como

$$2 = (1+1)(1-1) \tag{4.18}$$

Seguindo o procedimento semelhante ao anterior, o triplo inteiro em A.P é dado por

$$\left(15u^4 - 100u^3v + 30u^2v^2 + 100uv^3 + 15v^4, \right.$$
$$\left. 10u^4 + 20u^2v^2 + 10v^4, 5u^4 + 100u^3v + 10u^2v^2 - 100uv^3 + 5v^4\right)$$

Alguns exemplos numéricos são ilustrados a seguir:

Quadro 4.2

u	v	a	d	(a - d, a, a + d)

2	3	1690	-3845	(5535, 1690, -2155)
3	4	6250	-11525	(17775, 6250, -5275)
3	5	11560	-29730	(41340, 11560, -18220)
2	4	4000	-11600	(15600, 4000,-7600)

NOTA :

É de referir que, para além de

(4.11) e (4.18), também se pode representar 2 como

$$2 = \frac{(7+i)(7-i)}{25} \qquad\qquad 2 = \frac{(-1+7i)(-1-7i)}{25}$$
$$= \frac{(-7+i)(-7-i)}{25} \qquad\qquad = (-1+i)(-1-i)$$

Seguindo o procedimento apresentado acima, obtêm-se triplas em A.P para as escolhas acima.

PROBLEMA : 5

Considere o sistema de equações,

$$2a - d = \alpha^2 \qquad\qquad (5.1)$$

$$2a + d = \beta^2 \qquad\qquad (5.2)$$

$$a = \gamma^4 \qquad\qquad (5.3)$$

Adicionando (5.1) e (5.2), temos

$$a = \frac{1}{4}\left(\alpha^2 + \beta^2\right) \qquad\qquad (5.4)$$

Além disso, a subtração de (5.1) a (5.2) dá

$$d = \frac{1}{2}\left(\beta^2 - \alpha^2\right) \qquad\qquad (5.5)$$

Substituindo a por 2P e β por 2Q em (5.4), (5.5), temos

$$a = P^2 + Q^2 \qquad\qquad (5.6)$$
$$e \quad d = 2\left(Q^2 - P^2\right) \qquad\qquad (5.7)$$

Tendo em conta (5.3) e (5.6), temos

$$P^2 + Q^2 = \left(\gamma^2\right)^2 \qquad\qquad (5.8)$$

que tem a forma da conhecida equação de Pitágoras. Utilizando a solução mais citada da equação de Pitágoras, temos

$$P = 2rs \qquad\qquad (5.9)$$

$$Q = s^2 - r^2 \qquad\qquad (5.10)$$

$$\gamma^2 = r^2 + s^2, \quad s > r > 0 \qquad\qquad (5.11)$$

Aqui (5.11) está novamente na forma de equação pitagórica. Usando

a   solução   mais   citada,   temos

$r = 2mn,\ s = n^2 - m^2,\ \gamma = m^2 + n^2,\ n > m > 0$ (5.12)

Substituindo os valores de r, s dados por (5.12) em (5.9) e (5.10), temos

$$P = 4mn\left(n^2 - m^2\right)$$ (5.13)

$$Q = n^4 + m^4 - 6m^2n^2$$ (5.14)

e

Os valores correspondentes de a e d são

$$a = m^8 + n^8 + 4m^2n^6 + 4m^6n^2 + 6m^4n^4$$

$$d = 2m^8 + 2n^8 - 56m^2n^6 - 56m^6n^2 + 140m^4n^4$$

Assim, a tripla requerida em A.P é

$$\left(-m^8 - n^8 - 134\,m^4n^4 + 60\,m^2n^6 + 60\,m^6n^2,\right.$$

$$m^8 + n^8 + 6m^4n^4 + 4m^2n^6 + 4m^6n^2,$$

$$\left.3m^8 + 3n^8 + 146\,m^4n^4 - 52\,m^2n^6 - 52\,m^6n^2\right)$$

Alguns exemplos numéricos são ilustrados a seguir:

Quadro 5.1

m	n	a	d	(a - d, a, a + d)

2	3	28561	-478	(29039, 28561, 28083)
3	5	1336336	-1013728	(2350064, 1336336, 322608)
2	4	160000	-269824	(429824, 160000, -109824)

PROBLEMA ; 6

Considere o sistema de equações

$$2a - d = \alpha^3 \qquad (6.1)$$

$$2a + d = \beta^3 \qquad (6.2)$$

$$2a = \gamma^2 \qquad (6.3)$$

A equação (6.3) é satisfeita quando $a = 2c^2 \qquad (6.4)$

Adicionando (6.1) e (6.2), temos

$$a = \frac{1}{4}\left(\alpha^3 + \beta^3\right) \qquad (6.5)$$

Além disso, a subtração de (6.1) a (6.2) dá

$$d = \frac{1}{2}\left(\beta^3 - \alpha^3\right) \qquad (6.6)$$

Substituindo a por 2P e β por 2Q em (6.5), (6.6), temos

$$a = P^3 + Q^3 \qquad\qquad (6.7)$$

e $$d = 4\left(Q^3 - P^3\right) \qquad\qquad (6.8)$$

Tendo em conta (6.4) e (6.7), temos

$$P^3 + Q^3 = c^2 \qquad\qquad (6.9)$$

Introduzindo as transformações lineares

$$P = u + v,\ Q = u - v,\ c = 2u^2 \qquad (6.10)$$

em (6.9) conduz a

$$v^2 = \frac{(2u - 1)\,u^2}{3} \qquad\qquad (6.11)$$

A equação (6.11) é possível se $2u - 1 = 3s^2 \qquad (6.12)$

$$\Rightarrow u = \frac{3s^2 + 1}{2} \qquad\qquad (6.13)$$

Como o nosso interesse é encontrar soluções inteiras, substituindo s por 2r +1 em (6.13), temos

$$u = 6r^2 + 6r + 2 \qquad\qquad (6.14)$$

Utilizando (6.14) em (6.11), temos

$$v = (2r + 1)\left(6r^2 + 6r + 2\right) \qquad (6.15)$$

Tendo em conta (6.10), temos

$$\left.\begin{aligned}
P &= (2r + 2)\left(6r^2 + 6r + 2\right)\\
Q &= -2r\left(6r^2 + 6r + 2\right)\\
c &= 2\left(6r^2 + 6r + 2\right)^2
\end{aligned}\right\} \qquad (6.16)$$

Substituindo os valores de P, Q, c dados por (6.16) em

(6.4) e (6.8), os valores de a, d são dados por

$$a = 128 \left(\begin{array}{l} 81r^8 + 324r^7 + 594r^6 + 648r^5 + 459r^4 + 216r^3 \\ + 66r^2 + 12r + 1 \end{array} \right)$$

$$d = -256 \left(\begin{array}{l} 54r^9 + 243r^8 + 540r^7 + 756r^6 + 720r^5 + 477r^4 \\ + 218r^3 + 66r^2 + 12r + 1 \end{array} \right)$$

Assim, a tripla correspondente em A.P é

$$\left(\begin{array}{l} 128 \left(\begin{array}{l} 108r^9 + 567r^8 + 1404r^7 + 2106r^6 + 2088r^5 + 1413r^4 \\ + 652r^3 + 198r^2 + 36r + 3 \end{array} \right), \\[4mm] 128 \left(\begin{array}{l} 81r^8 + 324r^7 + 594r^6 + 648r^5 + 459r^4 + 216r^3 + 66r^2 \\ + 12r + 1 \end{array} \right), \\[4mm] -128 \left(\begin{array}{l} 108r^9 + 405r^8 + 756r^7 + 918r^6 + 792r^5 + 495r^4 \\ + 220r^3 + 66r^2 + 12r + 1 \end{array} \right) \end{array} \right)$$

Alguns exemplos numéricos são ilustrados a seguir:

Quadro 6.1

r	a	d	(a - d, a, a + d)
2	16681088	-61456640	(78137728, 16681088, -44775552)
3	239892608	-1180012288	(1419904896, 239892608, -940119680)

PROBLEMA : 7

Considere o sistema de equações

$$2a - 3d = \alpha^2 \qquad\qquad (7.1)$$

$$3a - 2d = \beta^2 \qquad\qquad (7.2)$$

$$5a = \gamma^2 \qquad\qquad (7.3)$$

A equação (7.3) é satisfeita quando $a = 5T^2$ $\qquad$ (7.4)

Resolvendo (7.1) e (7.2), temos

$$a = \frac{1}{5}\left(3\beta^2 - 2\alpha^2\right) \qquad\qquad (7.5)$$

$$d = \frac{1}{5}\left(2\beta^2 - 3\alpha^2\right) \qquad\qquad (7.6)$$

Substituindo a por 5P e β por 5Q em (7.5), (7.6), temos

$$a = 5\left(3Q^2 - 2P^2\right) \qquad\qquad (7.7)$$

$$d = 5\left(2Q^2 - 3P^2\right) \qquad\qquad (7.8)$$
e

Tendo em conta (7.4) e (7.7), temos

$$3Q^2 - 2P^2 = T^2 \qquad\qquad (7.9)$$

CAMINHO:1

Pode escrever-se a equação (7.9) como

$$T^2 + 2P^2 = 3Q^2 \qquad\qquad (7.10)$$

Agora, em(7.10), toma-se

$$Q = R^2 + 2S^2 \qquad\qquad (7.11)$$

em que R, S são números inteiros distintos e não nulos

e escrever 3 como

$$3 = \left(1 + i\sqrt{2}\right)\left(1 - i\sqrt{2}\right) \qquad\qquad (7.12)$$

Usando (7.11) e (7.12) em (7.10) e aplicando o método da factorização, defina

$$T + i\sqrt{2}P = \left(1 + i\sqrt{2}\right)\left(R + i\sqrt{2}S\right)^2 \qquad\qquad (7.13)$$

Igualando as partes real e imaginária da equação acima, obtém-se

$$\left.\begin{array}{l} T = R^2 - 4RS - 2S^2 \\ P = R^2 + 2RS - 2S^2 \end{array}\right\} \qquad\qquad (7.14)$$

Substituindo os valores deP, Q, T dados por (7.11), (7.14) em (7.4) e (7.8), os valores de a, d são dados

por

$$a = 5R^4 - 40R^3S + 60R^2S^2 + 80RS^3 + 20S^4$$

$$d = -5R^4 - 60R^3S + 40R^2S^2 + 120RS^3 - 20S^4$$

A tripla correspondente em A.P é

$$\left(10R^4 + 20R^3S + 20R^2S^2 - 40RS^3 + 40S^4,\right.$$

$$5R^4 - 40R^3S + 60R^2S^2 + 80RS^3 + 20S^4,$$

$$\left.100R^2S^2 - 100R^3S + 200RS^3\right)$$

Alguns exemplos numéricos são ilustrados a seguir:

Quadro 7,1

R	S	a	d	(a - d, a, a + d)

2	3	7220	4780	(2440, 7220, 12000)
3	5	51005	32995	(18010, 51005, 84000)
2	4	18000	10800	(7200, 18000, 28800)
3	4	25205	16795	(8410, 25205, 42000)

Para além de (7.12), 3 também pode ser escrito como

$$3 = \frac{\left(5 + i\sqrt{2}\right)\left(5 - i\sqrt{2}\right)}{9} \qquad (7.15)$$

Seguindo o procedimento semelhante ao anterior, o triplo inteiro em A.P é dado por

$$\left(450\,u^4 + 900\,u^3v + 5940\,u^2v^2 - 1800\,uv^3 + 1800\,v^4,\right.$$
$$1125u^4 - 1800u^3v - 3780u^2v^2 + 3600uv^3 + 4500v^4,$$
$$\left.1800\,u^4 - 4500\,u^3v - 13500\,u^2v^2 + 9000\,uv^3 + 7200\,v^4\right)$$

Alguns exemplos numéricos são ilustrados a seguir:

Quadro 7,2

u	v	a	d	(a - d, a, a + d)
2	3	397620	106380	(291240, 397620, 504000)

| 3 | 5 | 3160125 | 1215675 | (1944450,3160125, 4375800) |
| 2 | 4 | 1331280 | 684720 | (646560, 1331280, 2016000) |

CAMINHO:3

Podemos escrever a equação (7.9) na forma de rácio como

$$\frac{T+Q}{Q+P}=\frac{2(Q-P)}{T-Q}=\frac{R}{S} \quad ,S\neq 0 \qquad (7.16)$$

que é equivalente ao sistema de equações

$$\left.\begin{array}{l} -RP+(S-R)Q+ST=0 \\ -2SP+(2S+R)Q-RT=0 \end{array}\right\} \qquad (7.17)$$

Aplicando o método da multiplicação cruzada para resolver o sistema (7.17), obtemos

$$\left.\begin{array}{l} P=R^2-2S^2-2RS \\ Q=-R^2-2S^2 \\ T=-R^2-4RS+2S^2 \end{array}\right\} \qquad (7.18)$$

Substituindo os valores de P, Q, T dados por (7.18) em (7.4) e (7.8), os valores de a, d são dados por

$$a=5R^4+40R^3S+60R^2S^2-80RS^3+20S^4$$

$$d=-5R^4+60R^3S-40R^2S^2-120RS^3-20S^4$$

Assim, a tripla requerida em A.P é

$$\left(10R^4 - 20R^3S + 20R^2S^2 + 40RS^3 + 40S^4,\right.$$

$$5R^4 + 40R^3S + 60R^2S^2 - 80RS^3 + 20S^4,$$

$$\left.100R^2S^2 + 100R^3S - 200RS^3\right)$$

Alguns exemplos numéricos são ilustrados a seguir:

Quadro 7.3

R	S	a	d	(a - d, a, a + d)
2	3	500	-5300	(5800, 500,-4800)
3	5	1805	-40805	(42610, 1805, -39000)
2	4	80	-16080	(16160, 80,-16000)
3	4	3125	-16325	(19450,3125,-13200)

PROBLEMA : 8

Considere o sistema de equações

$$2a - 3d = \alpha^2 \tag{8.1}$$

$$4a + 3d = \beta^2 \tag{8.2}$$

$$d = \gamma^2 \tag{8.3}$$

Resolvendo (8.1) e (8.2), temos

$$a = \frac{1}{6}\left(\alpha^2 + \beta^2\right) \tag{8.4}$$

$$d = \frac{1}{9}\left(\beta^2 - 2\alpha^2\right) \tag{8.5}$$

Substituindo α por 6P e β por 6Q em (8.4), (8.5), temos

$$a = 6\left(P^2 + Q^2\right) \qquad\qquad (8.6)$$

e $$d = 4\left(Q^2 - 2P^2\right) \qquad\qquad (8.7)$$

Tendo em conta (8.3) e (8.7), temos

$$\gamma^2 = 4Q^2 - 8P^2 \qquad\qquad (8.8)$$

A equação (8.8) pode ser escrita na forma de rácio como

$$\frac{2Q+\gamma}{P} = \frac{8P}{2Q-\gamma} = \frac{R}{S} \quad ,S \neq 0 \qquad (8.9)$$

que é equivalente ao sistema de equações

$$\left.\begin{array}{r} -RP + 2QS + \gamma S = 0 \\ 8SP - 2RQ + R\gamma = 0 \end{array}\right\} \qquad (8.10)$$

Aplicando o método da multiplicação cruzada para resolver o sistema (8.10), obtemos

$$\left.\begin{array}{l} P = 4RS \\ Q = R^2 + 8S^2 \\ \gamma = 2R^2 - 16S^2 \end{array}\right\} \qquad (8.11)$$

Substituindo os valores deP, Q, γ dados por (8.11)em

(8.3) e (8.6), os valores de a, d são dados por

$$a = 6R^4 + 192R^2S^2 + 384S^4$$

$$d = 4R^4 - 64R^2S^2 + 256S^4$$

A tripla correspondente em A.P é

$$\left(2R^4 + 256R^2S^2 + 128S^4,\; 6R^4 + 192R^2S^2 + 384S^4,\right.$$

$$\left.10R^4 + 128R^2S^2 + 640S^4\right)$$

Alguns exemplos numéricos são ilustrados a seguir:

Quadro 8.1

R	S	a	d	(a - d, a, a + d)
2	3	38112	18496	(19616,38112, 56608)
3	5	283686	145924	(137762, 283686, 429610)
3	4	126438	56644	(69794, 126438, 183082)
2	4	110688	61504	(49184, 110688, 172192)

PROBLEMA : 9

Considere o sistema de equações

$$3a - 2d = \alpha^2 \qquad (9.1)$$

$$5a - 4d = \beta^2 \qquad (9.2)$$

$$d = \gamma^2 \qquad (9.3)$$

Resolvendo (9.1) e (9.2), temos

$$a = 2\alpha^2 - \beta^2 \qquad (9.4)$$

$$d = \frac{1}{2}\left(5\alpha^2 - 3\beta^2\right) \qquad (9.5)$$

Substituindo a por 2P e β por 2Q em (9.4), (9.5), temos

$$a = 4\left(2P^2 - Q^2\right) \qquad (9.6)$$

$$e \quad d = 2\left(5P^2 - 3Q^2\right) \qquad (9.7)$$

Tendo em conta (9.3) e (9.7), temos

$$10P^2 - 6Q^2 = \gamma^2 \qquad (9.8)$$

CAMINHO:1

Podemos escrever a equação (9.8) como

$$\gamma^2 + 6Q^2 = 10P^2 \qquad (9.9)$$

Agora, em (9.9), tomemos

$$P = R^2 + 6S^2 \qquad (9.10)$$

em que R, S são números inteiros distintos e não nulos

e escrever 10 como $\quad 10 = \left(2 + i\sqrt{6}\right)\left(2 - i\sqrt{6}\right) \qquad (9.11)$

Utilizando (9.10) e (9.11) em (9.9) e aplicando o método da factorização, defina

$$\gamma + i\sqrt{6}Q = \left(2 + i\sqrt{6}\right)\left(R + i\sqrt{6}S\right)^2 \qquad (9.12)$$

Igualando as partes real e imaginária da equação acima, obtém-se

$$\left.\begin{array}{l} \gamma = 2R^2 - 12RS - 12S^2 \\ Q = R^2 + 4RS - 6S^2 \end{array}\right\} \qquad (9.13)$$

Substituindo os valores deP, Q, γ dados por (9.10), (9.13) em (9.3) e (9.6), os valores de a, d são dados y[b]

$$a = 4R^4 - 32R^3S + 80R^2S^2 + 192RS^3 + 144S^4$$

$$d = 4R^4 - 48R^3S + 96R^2S^2 + 288RS^3 + 144S^4$$

A tripla correspondente em A.P é

$$\left(-16R^2S^2 + 16R^3S - 96RS^3,\right.$$
$$4R^4 - 32R^3S + 80R^2S^2 + 192RS^3 + 144S^4,$$
$$\left.8R^4 - 80R^3S + 176R^2S^2 + 480RS^3 + 288S^4\right)$$

Alguns exemplos numéricos são ilustrados a seguir:

Quadro 9.1

R	S	a	d	(a - d, a, a + d)
2	3	24208	29584	(-5376, 24208, 53792)
3	4	82116	101124	(-19008, 82116, 183240)
3	5	176004	213444	(-37440, 176004, 389448)
2	4	65600	78400	(-12800, 65600, 144000)

CAMINHO:2

Podemos escrever a equação (9.8) na forma de rácio como

$$\frac{\gamma + 2P}{P+Q} = \frac{6(P-Q)}{\gamma - 2P} = \frac{R}{S} \quad , S \neq 0 \tag{9.14}$$

que é equivalente ao sistema de equações

$$\left.\begin{array}{l} (2S-R)P - RQ + S\gamma = 0 \\ (6S+2R)P - 6SQ - R\gamma = 0 \end{array}\right\} \tag{9.15}$$

Aplicando o método da multiplicação cruzada para resolver o sistema (9.15), obtemos

$$\left.\begin{array}{l} P = R^2 + 6S^2 \\ Q = -R^2 + 4RS + 6S^2 \\ \gamma = 2R^2 + 12RS - 12S^2 \end{array}\right\} \tag{9.16}$$

Substituindo os valores deP, Q, γ dados por (9.16) em (9.3) e (9.6), os valores de a, d são dados por

$$a = 4R^4 + 32R^3S + 80R^2S^2 - 192RS^3 + 144S^4$$

$$d = 4R^4 + 48R^3S + 96R^2S^2 - 288RS^3 + 144S^4$$

Assim, a tripla requerida em A.P é

$$\left(-16R^2S^2 - 16R^3S + 96RS^3, \right.$$
$$4R^4 + 32R^3S + 80R^2S^2 - 192RS^3 + 144S^4,$$
$$\left. 8R^4 + 80R^3S + 176R^2S^2 - 480RS^3 + 288S^4\right)$$

Alguns exemplos numéricos são ilustrados a seguir:

Quadro 9.2

R	S	a	d	(a - d, a, a + d)
2	3	5008	784	(4224, 5008, 5792)
3	4	15300	900	(14400, 15300, 16200)
3	5	40644	10404	(30240, 40644, 51048)
2	4	18496	7744	(10752, 18496, 26240)

PROBLEMA : 10

Considere o sistema de equações

$$3a - 2d = \alpha^2 \qquad (10.1)$$

$$3a + 2d = \beta^2 \qquad (10.2)$$

$$3d = \gamma^3 \qquad (10.3)$$

A equação (10.3) é satisfeita quando $d = 9T^3$ (10.4)

Adicionando (10.1) e (10.2), temos

$$a = \frac{1}{6}\left(\alpha^2 + \beta^2\right) \qquad (10.5)$$

Além disso, a subtração de (10.1) a (10.2) dá

$$d = \frac{1}{4}\left(\beta^2 - \alpha^2\right) \qquad (10.6)$$

Substituindo a por 6P e β por 6Q em (10.5), (10.6), temos

$$a = 6\left(P^2 + Q^2\right) \qquad\qquad (10.7)$$

e $\quad d = 9\left(Q^2 - P^2\right) \qquad\qquad (10.8)$

Tendo em conta (10.4) e (10.8), temos

$$Q^2 - P^2 = T^3 \qquad\qquad (10.9)$$

CAMINHO:1

Considere (10.9)como

$$Q^2 - P^2 = T^3 * 1$$

que é equivalente ao sistema de equações

$$Q + P = T^3 \qquad\qquad (10.10)$$

$$Q - P = 1 \qquad\qquad (10.11)$$

Resolvendo (10.10) e (10.11), temos

$$P = \frac{T^3 - 1}{2} \qquad\qquad (10.12)$$

$$Q = \frac{T^3 + 1}{2} \qquad\qquad (10.13)$$

Como o nosso interesse é encontrar soluções inteiras, substituindo T por 2k+1 em (10.12) e (10.13), temos

$$\left.\begin{array}{l} P = 4k^3 + 6k^2 + 3k \\ Q = 4k^3 + 6k^2 + 3k + 1 \end{array}\right\} \qquad\qquad (10.14)$$

Substituindo os valores de P, Q dados por (10.14) em (10.4) e (10.7), os valores de a, d são dados por

$$a = 192k^6 + 576k^5 + 720k^4 + 480k^3 + 180k^2 + 36k + 6$$

$$d = 72k^3 + 108k^2 + 54k + 9$$

A tripla correspondente em A.P é

$$\left(192k^6 + 576k^5 + 720k^4 + 408k^3 + 72k^2 - 18k - 3,\right.$$

$$192k^6 + 576k^5 + 720k^4 + 480k^3 + 180k^2 + 36k + 6,$$

$$\left.192k^6 + 576k^5 + 720k^4 + 552k^3 + 288k^2 + 90k + 15\right)$$

Alguns exemplos numéricos são ilustrados a seguir:

Quadro 10.1

к	a	d	(a - d, a, a + d)
2	46878	1125	(45753, 46878, 48003)
3	352950	3087	(349863, 352950, 356037)
5	5314686	11979	(5302707, 5314686, 5326665)

CAMINHO:2

Observe que, pode-se escrever (10.9) como $Q^2 - P^2 = T^2 * T$ que é

equivalente ao sistema de equações

$$Q + P = T^2 \qquad (10.15)$$

$$Q - P = T \qquad (10.16)$$

Resolvendo (10.15) e (10.16), temos

$$P = t_{3,T-1} \qquad (10.17)$$

$$e \quad Q = t_{3,T} \qquad (10.18)$$

Substituindo os valores de P, Q dados por (10.17), (10.18) em (10.4) e (10.7), os valores de a, d são dados por

$$a = 6\left(t_{3,T-1}^2 + t_{3,T}^2\right)$$

$$d = 9\left(t_{3,T}^2 - t_{3,T-1}^2\right)$$

Assim, a tripla requerida em A.P é

$$\left(15t_{3,T-1}^2 - 3t_{3,T}^2 , \quad 6t_{3,T-1}^2 + 6t_{3,T}^2 , \quad 15t_{3,T}^2 - 3t_{3,T-1}^2\right)$$

Alguns exemplos numéricos são ilustrados a seguir:

Quadro 10.2

T	a	d	(a - d, a, a + d)
2	60	72	(-12, 60, 132)
3	270	243	(27, 270, 513)

5	1950	1125	(825, 1950, 3075)

PROBLEMA ; 11

Considere o sistema de equações

$$5a - 4d = \alpha^2 \qquad (11.1)$$

$$4a + 3d = \beta^2 \qquad (11.2)$$

$$d = 31\gamma^2 \qquad (11.3)$$

Resolvendo (11.1) e (11.2), temos

$$a = \frac{1}{31}\left(3\alpha^2 + 4\beta^2\right) \qquad (11.4)$$

$$d = \frac{1}{31}\left(5\beta^2 - 4\alpha^2\right) \qquad (11.5)$$

e

Substituindo a por 31P e β por 31Qcm (11.4), (11.5), temos

$$a = 31\left(3P^2 + 4Q^2\right) \qquad (11.6)$$

$$d = 31\left(5Q^2 - 4P^2\right) \qquad (11.7)$$

e

Tendo em conta as secções (11.3) e (11.7), temos

$$\gamma^2 = 5Q^2 - 4P^2 \qquad (11.8)$$

CAMINHO:1

A equação (11.8) pode ser escrita na forma de rácio como

$$\frac{\gamma+Q}{4(Q-P)}=\frac{Q+P}{\gamma-Q}=\frac{R}{S} \quad ,S\neq 0 \qquad (11.9)$$

que é equivalente ao sistema de equações

$$\left.\begin{array}{l}4RP+(S-4R)Q+S\gamma=0\\ SP+(R+S)Q-R\gamma=0\end{array}\right\} \qquad (11.10)$$

Aplicando o método da multiplicação cruzada para resolver o sistema (11.10), obtemos

$$\left.\begin{array}{l}P=4R^2-S^2-2RS\\ Q=4R^2+S^2\\ \gamma=4R^2-S^2+8RS\end{array}\right\} \qquad (11.11)$$

Substituindo os valores deP, Q, γ dados por (11.11)em (11.3) e (11.6), os valores de a, d são dados por

$$a=3472R^4-1488R^3S+620R^2S^2+372RS^3+217S^4$$

$$d=496R^4+1984R^3S+1736R^2S^2-496RS^3+31S^4$$

A tripla correspondente em A.P é

$$\left(2976\,R^4-3472\,R^3S-1116\,R^2S^2+868\,RS^3+186\,S^4,\right.$$

$$3472\,R^4-1488\,R^3S+620\,R^2S^2+372\,RS^3+217\,S^4,$$

$$\left.3968\,R^4+496\,R^3S+2356\,R^2S^2-124\,RS^3+248\,S^4\right)$$

Alguns exemplos numéricos são ilustrados a seguir:

Quadro 11.1

R	S	a	d	(a - d, a, a + d)
2	3	79825	93775	(-13950, 79825,173600)

3	5	494977	531991	(-37014, 494977, 1026968)
3	4	336784	417136	(-80352, 336784, 753920)
2	4	150784	126976	(23808, 150784, 277760)

<u>CAMINHO:2</u>

Podemos escrever a equação (11.8)como

$$\gamma^2 + 4P^2 = 5Q^2 \qquad (11.12)$$

Agora, em (11.12), tomemos

$$Q - R^2 + 4S^2 \qquad (11.13)$$

em que R, S são números inteiros distintos e não nulos

e escrever 5 como

$$5 = (1 + 2i)(1 - 2i) \qquad (11.14)$$

Usando (11.13), (11.14) em (11.12) e aplicando o método da factorização, defina

$$\gamma + i2P = (1 + 2i)(R + i2S)^2 \qquad (11.15)$$

Igualando as partes real e imaginária na equação acima, obtém-se

$$\left. \begin{array}{l} \gamma = R^2 - 4S^2 - 8RS \\ P = R^2 - 4S^2 + 2RS \end{array} \right\} \qquad (11.16)$$

Substituindo os valores deP, Q, γ dados por (11.13), (11.16) em

(11.3) e (11.6), os valores de a, d são dados por

$$a = 217R^4 + 372R^3S + 620R^2S^2 - 1488RS^3 + 3472S^4$$

$$d = 31R^4 - 496R^3S + 1736R^2S^2 + 1984RS^3 + 496S^4$$

A tripla correspondente em A.P é

$$\left(186R^4 + 868R^3S - 1116R^2S^2 - 3472RS^3 + 2976S^4,\right.$$

$$217R^4 + 372R^3S + 620R^2S^2 - 1488RS^3 + 3472S^4,$$

$$\left.248R^4 - 124R^3S + 2356R^2S^2 + 496RS^3 + 3968S^4\right)$$

Alguns exemplos numéricos são ilustrados a seguir:

Quadro 11.2

R	S	a	d	(a - d, a, a + d)
2	3	235600	198400	(37200, 235600, 434000)
3	4	750169	706831	(43338, 750169, 1457000)
3	5	1819297	1380151	(439146, 1819297, 3199448)
2	4	753424	476656	(276768, 753424, 1230080)

Considere (11.12)como

$$\gamma^2 + 4P^2 = 5Q^2 * 1 \qquad (11.17)$$

escrever 1 como
$$1 = \frac{(3+4i)(3-4i)}{25} \qquad (11.18)$$

Substituindo(11.13), (11.14), (11.18) em(11.17) e aplicando o método da factorização, defina

$$\gamma + i2P = \frac{1}{5}(1+2i)(3+4i)(R+i2S)^2 \qquad (11.19)$$

Igualando as partes real e imaginária da equação acima, obtém-se

$$\left.\begin{array}{l}\gamma = -R^2 + 4S^2 - 8RS \\ P = R^2 - 4S^2 - 2RS\end{array}\right\} \qquad (11.20)$$

Substituindo os valores deP, Q, γ dados por (11.13), (11.20) em (11.3) e (11.6), os valores de a, d são dados por

$$a = 217R^4 - 372R^3S + 620R^2S^2 + 1488RS^3 + 3472S^4$$

$$d = 31R^4 + 496R^3S + 1736R^2S^2 - 1984RS^3 + 496S^4$$

A tripla correspondente em A.P é

$$\left(186R^4 - 868R^3S - 1116R^2S^2 + 3472RS^3 + 2976S^4,\right.$$

$$217R^4 - 372R^3S + 620R^2S^2 + 1488RS^3 + 3472S^4,$$

$$\left.248R^4 + 124R^3S + 2356R^2S^2 - 496RS^3 + 3968S^4\right)$$

Alguns exemplos numéricos são ilustrados a seguir:

<u>**Quadro 11.3**</u>

R	S	a	d	(a - d, a, a + d)
2	3	378448	7936	(370512, 378448, 386384)
3	5	2834857	26071	(2808786, 2834857, 2860928)
3	4	1241209	52111	(1189098, 1241209, 1293320)
2	4	1110544	496	(1110048, 1110544, 1111040)

PROBLEMA: 12

Sejam a e d dois números inteiros distintos não nulos tais que

$$2a - d = 4n^2 + 2n \qquad (12.1)$$

$$2a + d = 8n^2 - 2n \qquad (12.2)$$

$$d = m^2 \qquad (12.3)$$

Adicionando (12.1) e (12.2), temos

$$a = 3n^2 \qquad (12.4)$$

Além disso, a subtração de (12.1) a (12.2) dá

$$d = 2\left(n^2 - n\right) \qquad (12.5)$$

Tendo em conta (12.3) e (12.5), temos

$$m^2 = 2\left(n^2 - n\right) \qquad (12.6)$$

Simplificando a equação (12.6), obtém-se

$$Y^2 = 2m^2 + 1 \qquad (12.7)$$

em que $Y = 2n - 1$ e cuja solução geral é dada y[b]

$$n_s = \frac{1}{4}\left[\left(3 + 2\sqrt{2}\right)^{s+1} + \left(3 - 2\sqrt{2}\right)^{s+1}\right] + \frac{1}{2} \qquad (12.8)$$

$$e \qquad m_s = \frac{1}{2\sqrt{2}}\left[\left(3 + 2\sqrt{2}\right)^{s+1} - \left(3 - 2\sqrt{2}\right)^{s+1}\right], \quad s = 0,1,2,\ldots \quad (12.9)$$

Deixar $\quad f_s = \left(3 + 2\sqrt{2}\right)^{s+1} + \left(3 - 2\sqrt{2}\right)^{s+1} \qquad (12.10)$

$$e \quad g_s = \left(3 + 2\sqrt{2}\right)^{s+1} - \left(3 - 2\sqrt{2}\right)^{s+1} \qquad (12.11)$$

Utilizando (12.10), (12.11) em (12.8) e (12.9), obtém-se

$$n_s = \frac{1}{4}\left(f_s + 2\right) \qquad (12.12)$$

$$m_s = \frac{g_s}{2\sqrt{2}} \qquad (12.13)$$

Substituindo os valores de n_s, m_s dados por (12.12), (12.13) em (12.3) e (12.4), os valores de a, d são dados por

$$a_s = \frac{3}{16}(f_s + 2)^2 \qquad\qquad (12.14)$$

$$d_s = \frac{1}{8}g_s^2 \qquad\qquad (12.15)$$

A tripla correspondente em A.P é

$$\left(\frac{3}{16}(f_s + 2)^2 - \frac{1}{8}g_s^2 \; , \; \frac{3}{16}(f_s + 2)^2 \; , \; \frac{3}{16}(f_s + 2)^2 + \frac{1}{8}g_s^2 \right)$$

Alguns exemplos numéricos são ilustrados a seguir:

Quadro 12,1

s	n_s	m_s	a_s	d_s	$(a_s - d_s \; , \; a_s \; , \; a_s + d \,)_s$
0	2	2	12	4	(8, 12, 16)
1	9	12	243	144	(99, 243, 387)
2	50	70	7500	4900	(2600, 7500, 12400)

PROBLEMA: 13

Considere o sistema de equações

$$2a - d = n^2 + n \qquad\qquad (13.1)$$

$$2a + d = 2n^2 - n \qquad\qquad (13.2)$$

$$d = 3m^2 \qquad\qquad (13.3)$$

Adicionando (13.1) e (13.2), temos

$$a = \frac{3}{4}n^2 \qquad\qquad (13.4)$$

Além disso, a subtração de (13.1) a (13.2) dá

$$d = \frac{\left(n^2 - 2n\right)}{2} \qquad (13.5)$$

Substituindo n por 2k em (13.4), (13.5), temos

$$a = 3k^2 \qquad (13.6)$$

$$e \quad d = 2\left(k^2 - k\right) \qquad (13.7)$$

Tendo em conta as secções (13.3) e (13.7), temos

$$3m^2 = 2\left(k^2 - k\right) \qquad (13.8)$$

Simplificando a equação (13.8), obtém-se

$$Y^2 = 6m^2 + 1 \qquad (13.9)$$

em que Y = 2k-le cuja solução geral é dada por

$$k_s = \frac{1}{4}\left[\left(5 + 2\sqrt{6}\right)^{s+1} + \left(5 - 2\sqrt{6}\right)^{s+1}\right] + \frac{1}{2} \qquad (13.10)$$

$$m_s = \frac{1}{2\sqrt{6}}\left[\left(5 + 2\sqrt{6}\right)^{s+1} - \left(5 - 2\sqrt{6}\right)^{s+1}\right], \quad s = 0,1,2,\ldots (13.11)$$

$$\text{Deixar} \quad f_s = \left(5 + 2\sqrt{6}\right)^{s+1} + \left(5 - 2\sqrt{6}\right)^{s+1} \qquad (13.12)$$

$$e \quad g_s = \left(5 + 2\sqrt{6}\right)^{s+1} - \left(5 - 2\sqrt{6}\right)^{s+1} \qquad (13.13)$$

Utilizando (13.12), (13.13) em (13.10) e (13.11), obtém-se

$$k_s = \frac{1}{4}\left(f_s + 2\right) \qquad (13.14)$$

$$m_s = \frac{g_s}{2\sqrt{6}} \qquad (13.15)$$

Substituindo os valores de k_s, m_s dados por (13.14), (13.15) em

(13.3) e (13.6), os valores de a, d são dados por

A tripla correspondente em A.P é

$$\left(\frac{3}{16}(f_s + 2)^2 - \frac{3}{24}g_s^2 \ , \ \frac{3}{16}(f_s + 2)^2 \ , \ \frac{3}{16}(f_s + 2)^2 + \frac{3}{24}g_s^2 \right)$$

Alguns exemplos numéricos são ilustrados a seguir:

Quadro 13.1

s	k	$^m s$	$^a s$	ds	$(_{as} - ds \ '_{as, \ as} + _{ds})$
0	3	2	27	12	(15' 27, 39)
1	25	20	1875	1200	(675, 1875, 3075)
2	243	198	177147	117612	(59535, 177147, 294759)

PROBLEMA: 14

Sejam a e d dois números inteiros distintos não nulos tais que

$$2a - d = 4(m-1)n^2 + (4-2m)n \quad , m > 1 \qquad (14.1)$$

$$2a + d = 4(m+1)n^2 - 2mn \qquad (14.2)$$

$$d = DM^2 + 2n \qquad (14.3)$$

Resolvendo (14.1) e (14.2), temos

$$a = 2mn^2 + (1-m)n \qquad (14.4)$$

$$d = 4n^2 - 2n \qquad (14.5)$$
e

Tendo em conta (14.3) e (14.5), temos

$$DM^2 + 2n = 4n^2 - 2n \qquad (14.6)$$

Simplificando a equação (14.6), obtém-se

$$Y^2 = DM^2 + 1 \qquad (14.7)$$

em que $Y = 2n - 1$

Por simplicidade e para uma melhor compreensão, resolvemos (14.7) para D=2, 3

Ilustração : 1 (D=2)

Tendo em conta(14.7), temos

$$Y^2 = 2M^2 + 1 \qquad (14.8)$$

em que $Y = 2n\text{-}1e$ cuja solução geral é dada por

$$n_a = \frac{1}{4}\left[\left(3+2\sqrt{2}\right)^{s+1} + \left(3-2\sqrt{2}\right)^{s+1}\right] + \frac{1}{2} \qquad (14.9)$$

$$M_s = \frac{1}{2\sqrt{2}}\left[\left(3+2\sqrt{2}\right)^{s+1} - \left(3-2\sqrt{2}\right)^{s+1}\right], \quad s = 0,1,2,\ldots \qquad (14.10)$$

Deixar
$$f_s = \left(3+2\sqrt{2}\right)^{s+1} + \left(3-2\sqrt{2}\right)^{s+1} \qquad (14.11)$$

$$g_s = \left(3+2\sqrt{2}\right)^{s+1} - \left(3-2\sqrt{2}\right)^{s+1} \qquad (14.12)$$
e

Utilizando (14.11), (14.12) em (14.9) e (14.10), obtém-se

$$n_s = \frac{1}{4}(f_s + 2) \qquad\qquad (14.13)$$

$$M_s = \frac{g_s}{2\sqrt{2}} \qquad\qquad (14.14)$$

Substituindo os valores de n_s, M_s dados por (14.13), (14.14) em (14.4) e (14.5), os valores de a, d são dados por

$$a_s = \frac{m}{8}(f_s + 2)^2 + \frac{(1-m)}{4}(f_s + 2)$$

$$d_s = \frac{1}{4}(f_s + 2)f_s \quad,\quad s = 0, 1, 2, \ldots$$

A tripla correspondente em A.P é

$$\left(\frac{1}{8}\left[(m-2)f_s^2 + 2(m-1)f_s + 4\right],\ \frac{1}{8}\left[mf_s^2 + 2(m+1)f_s + 4\right],\right.$$

$$\left. \frac{1}{8}\left[(m+2)f_s^2 + 2(m+3)f_s + 4\right] \right)$$

Alguns exemplos numéricos são ilustrados a seguir:

Quadro 14,1

s	n_s	m	a_s	d.	$(a_s - d_s,\ a_s,\ a_s + d_s)$
1	9	2	315	306	(9, 315, 621)
2	50	3	14900	9900	(5000, 14900, 24800)

3	289	4	667301	333506	(333795, 667301, 1000807)

Ilustração : 2 (D=3)

Tendo em conta (14.7), temos

$$Y^2 = 3M^2 + 1 \qquad (14.15)$$

em que Y = 2n-le cuja solução geral é dada por

$$n_s = \frac{1}{4}\left[\left(2+\sqrt{3}\right)^{s+1} + \left(2-\sqrt{3}\right)^{s+1}\right] + \frac{1}{2} \qquad (14.16)$$

$$M_s = \frac{1}{2\sqrt{3}}\left[\left(2+\sqrt{3}\right)^{s+1} - \left(2-\sqrt{3}\right)^{s+1}\right], \quad s = 1,3,5\ldots \qquad (14.17)$$

Deixar $F_s = \left(2+\sqrt{3}\right)^{s+1} + \left(2-\sqrt{3}\right)^{s+1}$ $\qquad (14.18)$

e $G_s = \left(2+\sqrt{3}\right)^{s+1} - \left(2-\sqrt{3}\right)^{s+1}$ $\qquad (14.19)$

Utilizando (14.18), (14.19) em (14.16) e (14.17), obtém-se

$$n_s = \frac{1}{4}\left(F_s + 2\right) \qquad (14.20)$$

$$M_s = \frac{G_s}{2\sqrt{3}} \qquad (14.21)$$

Substituindo os valores de n_s, M_s dados por (14.20), (14.21) em (14.4) e (14.5), os valores de a, d são dados por

$$a_s = \frac{m}{8}(F_s + 2)^2 + \frac{(1-m)}{4}(F_s + 2)$$

$$d_s = \frac{1}{4}(F_s + 2)F_s \ , \quad s = 1,3,5\ldots$$

A tripla correspondente em A.P é

$$\left(\ \frac{1}{8}\left[(m-2)F_s^2 + 2(m-1)F_s + 4\right], \ \frac{1}{8}\left[mF_s^2 + 2(m+1)F_s + 4\right], \right.$$

$$\left. \frac{1}{8}\left[(m+2)F_s^2 + 2(m+3)F_s + 4\right] \right)$$

Alguns exemplos numéricos são ilustrados a seguir:

Quadro 14,2

s	n_s	m	$(a_s - d_s, \ a_s, \ a_s + d_s)$
3	49	2	(49, 9555, 19061)
5	676	3	(913952, 2740504, 4567056)
7	9409	4	(354107715, 708206021,1062304327)

PROBLEMA: 15

Considere o sistema de equações

$$2a - d = 4n^2 + 2n \qquad\qquad (15.1)$$

$$2a + d = 8n^2 - 2n \qquad\qquad (15.2)$$

$$a = p^2 - q^2 \qquad\qquad (15.3)$$

Resolvendo (15.1) e (15.2), temos

$$a = 3n^2 \qquad\qquad (15.4)$$

e $\quad d = 2n(n-1) \qquad\qquad (15.5)$

Tendo em conta as secções (15.3) e (15.4), temos

$$3n^2 = p^2 - q^2 \qquad\qquad (15.6)$$

que tem a forma de $z^2 = Dx^2 + y^2$

As soluções de (15.6) são

$$n = 2uv, \quad q = 3u^2 - v^2, \quad p = 3u^2 + v^2 \qquad (15.7)$$

Substituindo os valores de n, p, q dados por (15.7) em

(15.3) e (15.5), os valores de a, d são dados por $\quad a = 12u^2v^2$

A tripla correspondente em A.P é

$$\left(4u^2v^2 + 4uv, \; 12u^2v^2, \; 20u^2v^2 - 4uv\right)$$

Alguns exemplos numéricos são ilustrados a seguir:

Quadro 15.1

U	V	a	d	(a - d, a, a + d)
2	3	432	264	(168, 432, 696)
3	4	1728	1104	(624, 1728, 2832)
2	4	768	480	(288, 768, 1248)
3	5	2700	1740	(960, 2700, 4440)

<u>**CAMINHO:2**</u>

Podemos escrever a equação (15.6) como

$$(p+q)(p-q) = 3n^2 \qquad (15.8)$$

que é equivalente ao seguinte sistema de equações duplas:

Quadro 15.2

Sistema	1	2
p+q	n^2	3n
p - q	3	n

Resolvendo sucessivamente cada um dos sistemas acima, obtêm-se os valores correspondentes de p, q, n. Tendo em conta (15.3) e (15.5), obtêm-se as seguintes triplas.

Quadro 15.3

Sistema	Triplos
1	$(4s^2 + 8s + 3,\ 12s^2 + 12s + 3,\ 20s^2 + 16s + 3)$
2	$(n^2 + 2n,\ 3n^2,\ 5n^2 + 2n)$

3. CONCLUSÃO:

Os leitores deste livro podem aperceber-se de que existem padrões em toda a natureza e que o verdadeiro prazer reside na procura de novos padrões numéricos e recordar a citação "Muda a forma como olhas para as coisas e as coisas que olhas mudam" de Wagne W. Dyer. O maior prazer da vida é fazer o que os outros dizem que não se pode fazer.

I want morebooks!

Buy your books fast and straightforward online - at one of world's fastest growing online book stores! Environmentally sound due to Print-on-Demand technologies.

Buy your books online at
www.morebooks.shop

Compre os seus livros mais rápido e diretamente na internet, em uma das livrarias on-line com o maior crescimento no mundo! Produção que protege o meio ambiente através das tecnologias de impressão sob demanda.

Compre os seus livros on-line em
www.morebooks.shop

Printed by Books on Demand GmbH, Norderstedt / Germany